HSE 管理体系
推进手册

辽河油田公司安全环保处 编

石油工业出版社

图书在版编目（CIP）数据

HSE 管理体系推进手册 / 辽河油田公司安全环保处编．
北京：石油工业出版社，2014.6
ISBN 978-7-5183-0151-5

Ⅰ．H…
Ⅱ．辽…
Ⅲ．石油企业－工业企业管理－中国－手册
Ⅳ．F426.22-62

中国版本图书馆 CIP 数据核字（2014）第 072745 号

出版发行：石油工业出版社
　　　　　（北京安定门外安华里 2 区 1 号　100011）
　　　　网　　址：www.petropub.com
　　　　编辑部：（010）64255590
　　　　图书营销中心：（010）64523633
经　　销：全国新华书店
印　　刷：北京中石油彩色印刷有限责任公司

2014 年 6 月第 1 版　2015 年 12 月第 2 次印刷
710×1000 毫米　开本：1/16　印张：6.25
字数：100 千字

定价：25.00 元
（如出现印装质量问题，我社图书营销中心负责调换）
版权所有，翻印必究

《HSE管理体系推进手册》
编委会

主　任：张维申

副主任：高养军

委　员：于长武　王晓达　于文洋　孟庆海　马凤林　王国成
　　　　梁忠波　郝宝田

编写组

主　编：王晓达　王国成

副主编：张树清　孙文跃　王国辉

编　者：许万利　王海凤　赵万辉　檀德库　曹莹辉　杨晓巍
　　　　杨海涛　罗　青　白宪庆　唐金贵　王世达　孙　宏
　　　　王国巍　王振刚　孔庆忠　魏　巍　吕宏斌　张　强
　　　　张　涛　杨永生　冯　煜　冯东旭　张园园

前 言
PREFACE

HSE管理体系是国际上石油公司普遍采用的一种先进的健康安全环境管理模式，是现代企业管理制度的重要组成内容。加强和改进健康安全环境管理工作，关系着员工生命和国家财产安全，是全面贯彻落实科学发展观、构建和谐社会、促进企业持续有效协调发展的基本要求和根本保证。

辽河油田公司一直高度重视HSE管理体系建设工作，将其作为建立安全环保长效机制、提升健康安全环境管理水平、实现安全环保形势根本好转的有效方法。为进一步提高广大干部员工的HSE意识、落实HSE责任，辽河油田公司在中国石油天然气集团公司的指导下开展HSE管理体系推进工作，成立了HSE管理体系推进组织机构，制定并下发了《辽河油田公司HSE管理体系推进三年规划》，对HSE管理体系推进工作进行了全面安排部署。

为宣传贯彻好辽河油田公司HSE管理体系推进工作，体系推进工作组组织相关人员，以体系推进理念、工具、方法、知识为主要内容，编印了这本宣传手册。希望通过用好这本手册,切实加强宣传灌输和教育培训,引导广大干部员工主动转化吸收HSE先进理念和工具方法,认真落实有感领导、直线责任和属地管理,积极辨识生产作业过程风险,严格落实风险控制措施和属地责任,努力形成HSE管理体系全员推动的良性发展态势。

编者

2014.2

目 录
CONTENTS

A　HSE基本要求

HSE方针与目标　　　　　　　　　　　　　　　02
　　HSE方针　　　　　　　　　　　　　　　　02
　　HSE目标　　　　　　　　　　　　　　　　03
HSE管理原则与理念　　　　　　　　　　　　　04
　　中国石油天然气集团公司HSE管理九项原则　04
　　中国石油天然气集团公司反违章六条禁令　　05
　　有感领导　　　　　　　　　　　　　　　　11
　　直线责任　　　　　　　　　　　　　　　　14
　　属地管理　　　　　　　　　　　　　　　　15
　　辽河油田公司HSE理念　　　　　　　　　　17
HSE管理体系推进工作　　　　　　　　　　　　18
　　总体思路　　　　　　　　　　　　　　　　18
　　工作原则　　　　　　　　　　　　　　　　19
　　工作目标　　　　　　　　　　　　　　　　20

B　HSE管理体系

HSE管理体系的含义	22
HSE管理体系的核心和主线	23
名词解释	24
基本理论	32

C　HSE推进工具

行为安全观察与沟通	40
安全经验分享	44
工艺危害分析	46
上锁挂牌	48
安全目视化管理	50
办公室行为准则	52

D　HSE管理制度

矩阵需求式培训	70
作业许可管理	75
动火作业管理	78
临时用电管理	81
工作前安全分析（JSA）	84
工作循环分析（JCA）	86
启动前安全检查（PSSR）	88
工艺和设备变更管理	89
控制承包商风险	92

A HSE 基本要求

HSE方针与目标

■ HSE方针

以人为本，预防为主，全员参与，持续改进。

A　HSE基本要求

■ HSE目标

追求零伤害、零污染、零事故，在健康、安全与环境管理方面达到国际同行业先进水平。

HSE管理原则与理念

■ 中国石油天然气集团公司 HSE管理九项原则

(1) 任何决策必须优先考虑健康安全环境；

(2) 安全是聘用的必要条件；

(3) 企业必须对员工进行健康安全环境培训；

(4) 各级管理者对业务范围内的健康安全环境工作负责；

(5) 各级管理者必须亲自参加健康安全环境审核；

(6) 员工必须参与岗位危害识别及风险控制；

(7) 事故隐患必须及时整改；

(8) 所有事故事件必须及时报告、分析和处理；

(9) 承包商管理执行统一的健康安全环境标准。

中国石油天然气集团公司反违章六条禁令

(1) 严禁特种作业无有效操作证人员上岗操作;

（2）严禁违反操作规程操作；

A HSE基本要求

(3) 严禁无票证从事危险作业;

（4）严禁脱岗、睡岗和酒后上岗；

(5) 严禁违反规定运输民爆物品、放射源和危险化学品;

(6) 严禁违章指挥、强令他人违章作业。

■ 有感领导

有感领导是指企业各级领导通过以身作则的良好个人安全行为，使员工真正感知到安全生产的重要性，感受到领导做好安全工作的示范性，感悟到自身做好安全工作的必要性。

"有感领导"要求各级领导让员工通过"看到、听到、体验到"的方式展现自己对安全的承诺。具体体现为：

执行力——提供人力、财力和组织运行保障，让员工感受到各级领导对履行安全责任所做出的承诺；

示范力——各级领导以身作则，亲力亲为，通过深入现场、遵守制度等良好个人行为，起到模范示范作用；

影响力——各级领导所展现出来的安全行为，以及对安全工作的期望，可以影响员工的安全行为，并积极参与HSE管理。

落实"有感领导"的措施

一是履行岗位安全环保职责。按照"谁主管、谁负责"的原则，认真履行好主管业务内和岗位上的安全环保职责；将抓安全环保作为本职工作的第一要求；任何决策都应优先考虑健康安全环境；辅导自己的直接下属，一级对一级，HSE逐级述职。

二是从自身和小事做起。带头进行安全承诺，积极履行，示范引领；定期参与行为安全审核，展示HSE领导力；编制个人安全行动计划，自觉落实相关工作；亲自培训安全理念和安全知识，提高员工素养；带头进行安全经验分享，营造全员分享氛围。

三是不断提升自身HSE领导力。掌握基本HSE基础知识、管理理念和工具方法；在生产和生活中，在安全问题上处处以身作则；定期参与HSE培训，提升HSE管理和领导技能。

践行"有感领导"的作用

(1) 充分体现领导对安全工作的重视,起到引领和示范作用;

(2) 高层领导个人的承诺、领导力、决策力和推动力从根本上决定了安全工作的成功;

(3) 安全文化建设由"领导倡导"转变为"全员参与"。

■ 直线责任

直线责任是指各级主要负责人要对安全环保管理工作全面负责，做到一级对一级，层层抓落实；每名员工都要对所承担工作（任务、活动）的安全环保负责，做到"谁组织谁负责、谁管理谁负责、谁执行谁负责"。机关职能部门的领导和工作人员以及各级管理人员，都有直线责任，都应该对业务范围内的HSE工作负责，都应结合本岗位管理工作负责相应的HSE管理。

落实"直线责任"的措施

（1）完善各职能部门和管理岗位的HSE职责；

（2）职能部门人员制定实施个人安全行动计划；

（3）职能部门领导参与行为安全审核；

（4）各级管理者对其直接下属进行HSE培训。

落实"直线责任"的作用

（1）明确各级职能管理部门及管理人员的HSE责任，实现各项管理工作与HSE管理的有机结合，真正体现"谁主管、谁负责"；

（2）实现HSE管理是整个组织参与的过程，使得在各业务、各层面、各阶段做决策的管理人员为安全后果负责；

（3）真正体现安全是企业核心价值的思想。

■ 属地管理

属地管理是指每个领导对分管领域、分管业务、分管系统的安全环保管理工作负责；每个员工对自己岗位涉及的生产作业区域的安全环保负责，包括对区域内设备设施、工作人员和施工作业活动的安全环保负责，做到"谁的领域谁负责、谁的区域谁负责、谁的属地谁负责"。

落实"属地管理"的措施

一是划分属地范围。属地的划分主要以工作区域为主，以岗位为依据，把工作区域、设备设施及工器具细划到每一个人身上。

二是明确属地主管。各单位应将所辖区域的管理落实到具体的责任人，做到公司所属的每一片区域、每一个设备（设施）、每个工（器）具、每一块绿地、闲置地等在任何时间均有人负责管理，可在基层现场设立标示牌，标明属地主管和职责。

三是建立属地管理职责。管理所辖区域保证其自身及在区域内的工作人员、承包商、访客的安全；对本区域的作业活动或者过程实施监护，确保安全措施和安全管理规定的落实；对管辖区域的工艺设备进行巡检，发现异常情况，及时进行应对处理并报告上一级主管；对属地区域进行清洁和整理，保持环境清洁。

落实"属地管理"的作用

(1) 确保每个生产区域、每台设备、每次作业都有明确的属地主管,做到"事事有人管,人人有事做",保证安全管理无空白;

(2) 实现HSE管理由"全员参与"向"全员负责"转变;

(3) 提升基层生产作业现场的HSE管理水平,避免各类事故事件的发生,最终实现安全生产。

辽河油田公司HSE理念

人本观：以人为本抓安全

预防观：一切事故都可以控制和避免

责任观：我的岗位我负责，我在岗位您放心

执行观：只有规定动作，没有自选动作

价值观：安全是企业的核心价值

亲情观：一人安全，全家幸福

环保观：保护环境就是保护生产力

健康观：关心员工健康从员工健康时开始

HSE管理体系推进工作

■ 总体思路

以中国石油天然气集团公司（以下简称集团公司）HSE管理体系建设提升计划为指导，积极学习借鉴国际先进的HSE管理理念、集团公司试点单位HSE管理体系建设过程中的成功经验和有效做法，推进辽河油田公司（以下简称公司）HSE制度标准系统、培训系统和绩效考核系统建设，培育有感领导、落实直线责任、强化属地管理，通过"转变观念、养成习惯、提高能力"，强化HSE风险管理及过程控制，全面推进HSE管理体系建设，努力实现"零伤害、零污染、零事故"奋斗目标，构建具有辽河特色的HSE文化。

■ 工作原则

统筹协调，整体推进。在集团公司HSE管理体系推进工作组的指导下，公司HSE管理体系推进工作组负责统筹安排，总体协调，在整体推进的基础上，重点推进采油集输系统、修井作业系统、油田建设系统等单位的HSE管理体系建设。

突出重点，典型引路。突出责任落实、过程风险控制、反违章和工艺安全管理、承包商安全管理等重点，学习借鉴、有机融合典型做法并推广应用，充分发挥各单位优势，以点带面。

循序渐进，注重实效。从实际出发，科学、规范地抓好起步工作，不盲目跟从。完善方法，强化措施，以通俗、简洁、高效方式开展HSE管理体系推进工作，做到可操作、可执行、可检查。

■ 工作目标

通过几年的推进工作,形成科学、规范、高效的HSE制度标准系统、培训系统和绩效考核系统,HSE业绩显著提升。使公司HSE运行整体水平从目前的基础级提升至良好级二等(3B),部分单位力争达到良好级一等(3A),向自主管理的初期阶段过渡,HSE业绩达到国内同行业先进水平。

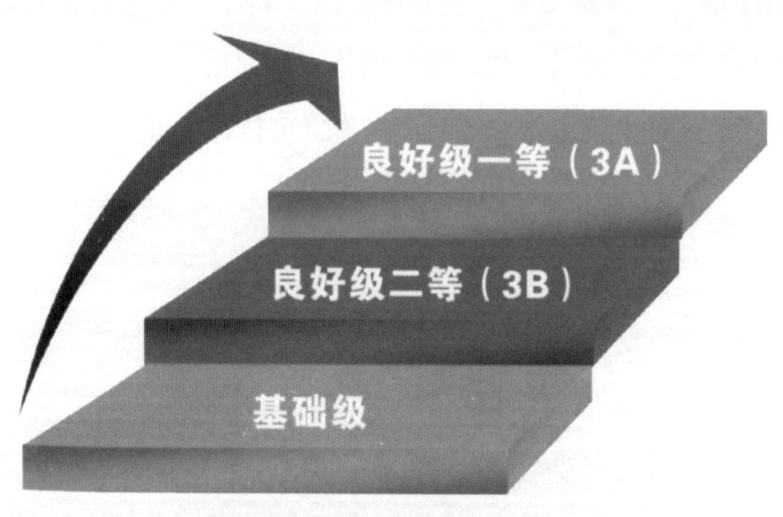

B　HSE 管理体系

■ HSE管理体系的含义

HSE管理体系是健康（Health）、安全（Safety）和环境（Environment）管理体系的简称。HSE管理体系是由组织实施健康、安全与环境管理的组织机构、职责、做法、程序、过程和资源等要素有机构成的整体，这些要素通过先进、科学、系统的运行模式有机地融合在一起，相互关联、相互作用，形成动态管理系统。

HSE管理体系按戴明模式建立，即"规划（PLAN）—实施（DO）—检查（CHECK）—持续改进（ACTION）"的结构，是一个持续循环和不断改进的结构。

HSE管理体系由若干个要素组成，关键要素有：领导和承诺；健康、安全与环境方针；策划；组织机构、资源和文件；实施和运行；检查和纠正措施；管理评审。

HSE管理体系各要素不是孤立的，其中领导和承诺是核心，方针是方向，组织机构、资源和文件作为支持，策划、实施、检查、评审改进是循环链过程。

■ HSE管理体系的核心和主线

领导和承诺是HSE管理体系的核心。承诺是HSE管理的基本要求和动力，自上而下的承诺和企业HSE文化的培育是体系成功实施的基础。

危害因素辨识、风险评价与控制是HSE管理体系的主线。通过有效地辨识、评价，制定并落实控制措施，从结果性指标管理向过程性指标管理转变，进而减少安全环保事件给企业和员工带来的损失。

■ 名词解释

【职业卫生】以职工的健康在职业活动过程中免受有害因素侵害为目的的工作领域及在法律、技术、设备、组织制度和教育等方面所采取的相应措施。

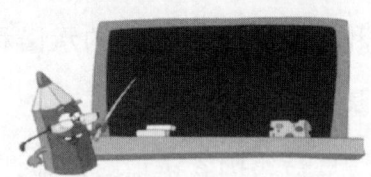

【职业健康监护】以预防为目的，根据劳动者的职业接触史，通过定期或不定期的医学健康检查和健康相关资料的收集，连续性地监测劳动者的健康状况，分析劳动者健康变化与所接触的职业病危害因素的关系，并及时将健康检查和资料分析结果报告给用人单位和劳动者本人，以便及时采取干预措施，保护劳动者健康。职业健康监护主要包括职业健康检查和职业健康监护档案管理等内容。职业健康检查包括上岗前、在岗期间、离岗时和离岗后医学随访以及应急健康检查。

【职业病】企业、事业单位和个体经济组织（以下统称用人单位）的劳动者在职业活动中，因接触粉尘、放射性物质和其他有毒、有害物质等因素而引起的疾病。

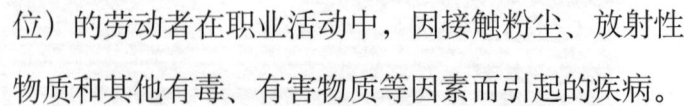

【职业病危害因素】劳动者职业活动中可能在作业场所接触到的粉尘、化学性毒物，以及物理因素、生物因素等可能导致职业病的各种有害因素。

【劳动防护用品】由生产经营单位为从业人员配备的，使其在劳动过程中免遭或者减轻事故伤害及职业危害的个人防护装备。劳动防护用品分为特种劳动防护用品和一般劳动防护用品。特种劳动防护用品目录由国家安全生产监督管理总局确定并公布；未列入目录的劳动防护用品为一般劳动防护用品。

【劳动防护服装"四统一"】统一性能、款式、颜色、标示。

【职业卫生档案】在企业职业卫生管理、职业病防治以及职业卫生技术服务工作中形成的，能够准确、完整反映职业卫生工作全过程的各类文件材料，是职业病防治过程的真实记录和反映，是企业职业健康管理的重要基础信息资料。

【本质安全】通过设计等手段使生产设备或生产系统本身具有安全性，即使在误操作或发生故障的情况下也不会造成事故。

【两书一表】HSE作业指导书、作业计划书、现场检查表。

【三同时】生产经营单位新建、改建、扩建工程项目（以下统称建设项目）的安全设施，必须与主体工程同时设计、同时施工、同时投入生产和使用。安全设施投资应当纳入建设项目概算。

【三不伤害】不伤害自己，不伤害别人，不被别人伤害。

【三级安全教育】生产单位的其他从业人员，在上岗前必须经过厂（矿）、车间（工段、区、队）、班组三级安全培训教育。

【四不放过】事故原因未查清不放过、责任人员未处理不放过、整改措施未落实不放过、有关人员未受到教育不放过。

【四懂三会】四懂：一懂设备的结构；二懂设备的性能；三懂设备的工作原理；四懂设备的用途。三会：一会操作使用；二会维护保养；三会排除故障。

【五项落实】事故隐患整改实行防范措施、责任、人员、资金和时间五个关键要素落实。

【六大支撑体系】安全生产法律法规体系、安全信息工程体系、安全技术保障体系、宣传教育体系、安全培训体系、应急救援体系。

【安全生产第一负责人】各级行政正职对本单位的安全生产工作负全面领导责任，是安全生产第一负责人。

【三违行为】违章指挥、违章作业、违反劳动纪律。

【三交一封】交通管理中节假日交车辆钥匙、交行车证、交准驾证，定点封存车辆。

【危害因素】一个组织的活动、产品或服务中可能导致人员伤害或疾病、财产损失、工作环境破坏、有害的环境影响或这些情况组合的要素，包括根源和状态。

【危害因素辨识】识别健康、安全与环境危害因素的存在并确定其特性的过程。

【风险】某一特定危害事件发生的可能性与后果的组合。

【风险评价】评估风险程度以及确定风险是否可容许的全过程。

【事故隐患】生产区域、工作场所中，存在可能导致人身伤亡、财产损失或造成重大社会影响的设备、装置、设施、生产系统等方面的缺陷和问题。

【突发事件】突然发生、造成或者可能造成重大人员伤亡、财产损失、生态环境破坏和严重社会危害，危及公共安全的紧急事件。集团公司突发事件主要分为自然灾害事件、事故灾难事件、公共卫生事件、社会安全事件四种类型。

晚了一步

【应急救援】在应急响应过程中，为消除、减少事故危害，防止事故扩大或恶化，最大限度地降低事故造成的损失或危害而采取的救援措施或行动。

【应急预案】针对可能发生的事故，为迅速、有序地开展应急行动而预先制定的行动方案。

【生产安全事故】在生产经营活动中发生的，造成人身伤亡或者直接经济损失的事故，包括工业生产安全事故、道路交通事故和火灾事故三类，不包括环境污染事故、辐射事故等其他事故。

【生产安全事故分级】根据事故造成的人员伤亡或者直接经济损失，事故分为以下等级：特别重大事故、重大事故、较大事故、一般事故（具体细分为三级：一般事故A级、一般事故B级、一般事故C级）。

【不安全状态】可能导致人员伤害或其他事故的物（设备设施和环境）的状态。

【不安全行为】可能对自己或他人以及设备、设施造成危险的人的行为。

【直接经济损失】因事故造成人身伤亡及善后处理支出的费用和毁坏财产的价值。

【直接责任】不履行或者不正确履行自己的职责，对事故发生起决定性作用的责任。

【习惯性违章】在某项作业中长期逐渐形成并被一定群体或个体主观和客观所认可的、经常性的违反安全规定、标准的一种行为。

【十大习惯性违章】（1）进入生产环境未按规定穿戴劳动保护用品或操作时佩戴饰物；（2）攀爬、登高作业未采取防护措施或上下台阶不扶扶手；（3）未执行监护监督制度，单人进行操作；（4）选用工具不当，随意放置和丢弃工具，忽视工具维护保养；（5）随意扔、倒或排放易燃、易爆、有毒、有害废弃物；（6）进入易燃易爆环境未按规定做消除静电处理、携带火种或接打手机；（7）使用汽、柴油等有机溶剂擦拭设备、场地或用湿布擦拭带电电气设备；（8）酒后驾驶、疲劳驾驶、驾驶时不系安全带或接打手机，超速、超载或客货混运；（9）封闭或阻塞安全通道；（10）进入有限空间或可能存在有毒有害、易燃易爆气体空间作业前未按规定进行检测。

【环保系统六项禁令】（1）严禁违法、违规、违纪审批项目；（2）严禁包庇、纵容、袒护环境违法行为；（3）严禁乱收费、乱罚款；（4）严禁监测、统计、验收工作弄虚作假、伪造数据；（5）严禁干预、插手环保工程项目招投标、指定施工队伍和环保产品、设备；（6）严禁利用职权收受下属单位或业务联系单位的礼金、报销应由个人支付的费用、侵占公共财物。

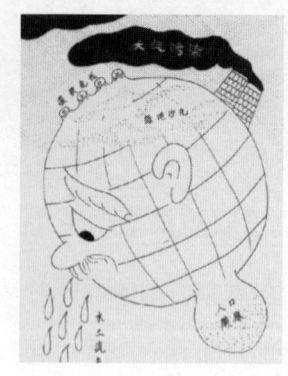

【环境敏感区】依法设立的各级各类自然、文化保护地，以及对建设项目的某类污染因子或者生态影响因子特别敏感的区域，主要包括：（1）自然保护区、风景名胜区、世界文化和自然遗产地、饮用水水源保护区；（2）基本农田保护区、基本草原、森林公园、地质公园、重要湿地、天然林、珍稀濒危野生动植物天然集中分布区、重要水生生物的自然产卵场及索饵场、越冬场和洄游通道、天然渔场、资源型缺水地区、水土流失重点防治区、沙化土地封禁保护区、封闭及半封闭海域、富营养化水域；

（3）以居住、医疗卫生、文化教育、科研、行政办公等为主要功能的区域，文物保护单位，具有特殊历史、文化、科学、民族意义的保护地。

【循环经济】在生产、流通和消费等过程中进行的减量化（指在生产、流通和消费等过程中减少资源消耗和废物产生）、再利用（指将废物直接作为产品或者经修复、翻新、再制造后继续作为产品使用，或者将废物的全部或者部分作为其他产品的部件予以使用）、资源化（指将废物直接作为原料进行利用或者对废物进行再生利用）活动的总称。

【节约能源】加强用能管理,采取技术上可行、经济上合理以及环境和社会可以承受的措施,从能源生产到消费的各个环节,降低消耗、减少损失和污染物排放、制止浪费,有效、合理地利用能源。

【清洁生产】不断采取改进设计、使用清洁的能源和原料、采用先进的工艺技术与设备、改善管理、综合利用等措施,从源头削减污染,提高资源利用率,减少或者避免生产、服务和产品使用过程中污染物的产生和排放,以减轻或者消除对人类健康和环境的危害。

【环境污染和破坏事故】由于违反环境保护法规的经济、社会活动与行为,以及意外因素的影响或不可抗拒的自然灾害等原因致使环境受到污染,人体健康受到危害,社会经济与人民财产受到损失,造成不良社会影响的突发性事件。按照危害程度,可分为一般环境污染事故、较大环境污染事故、重大环境污染事故和特大环境污染事故4种。

基本理论

安全生产管理原理

安全生产管理原理是从生产管理的共性出发，对生产管理中安全工作的实质内容进行科学分析、综合、抽象与概括所得出的安全生产管理规律。

【系统原理】

所谓系统是由相互作用和相互依赖的若干部分组成的有机整体。任何管理对象都可以作为一个系统。系统可以分为若干个子系统，子系统可以分为若干个要素，即系统是由要素组成的。按照系统的观点，管理系统具有6个特征，即集合性、相关性、目的性、整体性、层次性和适应性。

【人本原理】

在管理中必须把人的要素放在首位，体现以人为本的指导思想，这就是人本原理。以人为本有两层含义：一是一切管理活动都是以人为本展开的，人既是管理的本体，又是管理的客体，每个人都处在一定的管理层面上，离开人就无所谓管理；二是管理活动中，作为管理对象的要素和管理系统各环节，都是需要人掌管、运作、推动和实施的。

【预防原理】

安全生产管理工作应该做到预防为主,通过有效的管理和技术手段,减少和防止人的不安全行为和物的不安全状态,这就是预防原理。在可能发生人身伤害、设备或设施损坏和环境破坏的场合,事先采取措施,防止事故发生。

【强制原理】

采取强制管理的手段控制人的意愿和行为,使个人的活动、行为等受到安全生产管理要求的约束,从而实现有效的安全生产管理,这就是强制原理。所谓强制,就是绝对服从,不必经被管理者同意便可采取控制行动。

安全责任理论

【安全生产的"弹簧理论"】

众所周知,弹簧受到外力按压,就会变形收缩;外力取消,立刻就会恢复原形。安全责任心的培育,也是如此。经常进行教育,就像用手按下弹簧,责任心就会增强,长时间不教育,就像松开压紧的弹簧,立刻就会反弹。如此反复,就像弹簧压紧复松，这就是安全责任的"弹簧理论"。

【安全责任的"水桶理论"】

众所周知，无论是铁制水桶还是木制水桶，无论桶壁多高，桶底多厚，只要水桶的桶底出现一个小洞、一条裂缝，水桶里的水再多，都会流干，一无所用。安全管理是一个系统工程，要防微杜渐。

【安全责任的"火炉理论"】

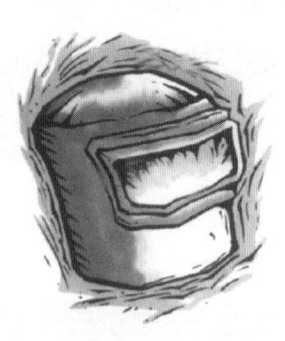

一个火势熊熊的火炉，远观炉壁火红，可知定然烫人无比，不能靠近；如果靠近，未等接触，已是热气灼人；如果以手触摸，必伤无疑。安全责任的贯彻落实也是如此。实践证明，要把保障安全生产的法律、法规、制度落到实处，就要把这些法律、法规、制度变成"火炉"，谁若触犯，必受严惩，以充分落实责任，保障安全。

【安全责任的"责、权、利"对等理论】

权利与义务，是构成安全生产责任的前置基础。任何人都有搞好安全生产的权利，也有搞好安全生产的义务。领导不仅有让员工履行责任的权利，也有建立健全安全生产规章制度、保障员工生命安全健康、为他们建立工伤保险等义务。同样，处于弱势地位的员工，既有承担也有拒绝违章指挥、逃避生命威胁的权利。

事故致因理论

事故发生有其自身的发展规律和特点,只有掌握事故发生的规律,才能保证安全生产系统处于安全状态。前人站在不同的角度,对事故进行研究,给出了很多事故致因理论。

【冰山理论】

冰山理论一方面指事故是不安全行为或者不安全条件不断演变发展的必然后果,另一方面,人们往往注意的、也是容易见到的只是事故而非事故的发展过程

和形成因素。换句话说,事故只是能够看见的"冰山的尖峰",而尖峰下面的部分往往是看不见的。冰山理论指出,重伤事故与一般事故和未遂事故的比例关系是1∶29∶100,而未遂事故以下的安全偏离事项的数目更大。这一理论的启示就是,在一般情况下,只有重伤事故和一般事故能引起人们的注意,只有重伤以上的事故才引起人们的关注,要看到"冰山"的底层,才能发现事故形成的因素,才能将事故消除在萌芽时期。

【因果连锁理论即"多米诺骨牌理论"】

海因里希将事故因果连锁过程概括为以下5个因素：遗传及社会环境，人的缺点，人的不安全行为或物的不安全状态，事故，伤害。

海因里希用多米诺骨牌形象地描述这种事故的因果连锁关系。在多米诺骨牌系列中，一枚骨牌被碰倒了，则将发生连锁反应，其余几枚骨牌相继被碰倒。如果移去中间的一枚骨牌，则连锁被破坏，事故过程被中止。他认为，企业安全工作的中心就是防止人的不安全行为，消除机械的或物质的不安全状态，中断事故连锁的进程，从而避免事故的发生。

【能量意外释放理论】

该理论认为人受伤害的原因只能是某种能量的转移，并提出能量逆流于人体造成的伤害分为两类：第一类伤害是由于施加了超过局部或全身性损伤阈值的能量引起的，第二类伤害是由于影响了局部或全身性能量交换引起的，主要指中毒、窒息和冻伤。在一定条件下某种形式的能量能否产生伤害造成人员伤亡事故，取决于能量大小、接触能量时间和频率，以及力的集中程度。预防能量转移于人体的安全措施可用屏障防护系统的理论加以阐述，而且屏障设置的越早，效果越好。按能量大小可建立单一屏障或多重的冗余屏障。

HSE 推进工具

行为安全观察与沟通

安全观察是指对一名正在工作的人员观察30秒以上,以确认有关任务是否在安全地执行,包括对员工作业行为和作业环境的观察。

安全观察与沟通基本要求

安全观察与沟通分为有计划的和随机的,重点是观察和讨论员工在工作地点的行为及可能产生的后果。安全观察既要识别不安全行为,也要识别安全行为。各级管理人员都应开展安全观察与沟通,不得由下属代替;观察到的所有不安全行为和状态都应立即采取行动。专职安全人员应定期、独立地执行日常安全观察与沟通,其观察结果应与安全观察与沟通人员的安全观察结果进行比较。全体员工在日常工作中应主动进行随机安全观察与沟通。

安全观察与沟通的方法

安全观察与沟通以六步法为基础，步骤包括：

(1) 观察。现场观察员工的行为，决定如何接近员工，并安全地阻止不安全行为。

(2) 表扬。肯定该员工作业中安全的部分。

(3) 讨论。与员工讨论观察到的不安全行为、状态和可能产生的后果，鼓励员工讨论更为安全的工作方式。

(4) 沟通。就如何安全地工作与员工取得一致意见，并取得员工的承诺。

(5) 启发。引导员工讨论工作地点的其他安全问题（合理化建议）。

(6) 感谢。对员工的配合表示感谢。

安全观察与沟通的内容

应重点关注可能引发伤害的行为，综合参考以往的伤害调查、未遂事件调查以及安全观察的结果。主要包括以下七个方面内容：

(1) 员工的反应。员工在看到他们所在区域内有观察者时，他们是否改变自己的行为（从不安全到安全）。员工在被观察时，有时会做出反应，如改变身体姿势、调整个人防护装备、改用正确工具、

抓住扶手、系上安全带等。这些反应通常表明员工知道正确的作业方法，只是由于某种原因没有采用。

（2）员工的位置。员工身体的位置是否有利于减少伤害发生的几率。

（3）个人防护装备。员工使用的个人防护装备是否合适，是否正确使用，个人防护装备是否处于良好状态。

（4）工具和设备。员工使用的工具是否合适，是否正确，工具是否处于良好状态，非标准工具是否获得批准。

（5）程序。是否有操作程序，员工是否理解并遵守操作规程。

（6）人体工效学。办公室和工作环境是否符合人体工效学原则。

（7）整洁。作业场所是否整洁有序。

安全观察与沟通计划

企业应制定安全观察与沟通计划，安全观察与沟通应覆盖所有区域和班次，并覆盖不同的作业时间段，如夜班作业、超时加班及周末工作。安全观察与沟通计划至少应包括以下内容：安全观察人员；安全观察的区域；按年度编制的安全观察与沟通日程安排表；安全观察与沟通报告的要求。

按计划进行的安全观察与沟通应规定频率和观察时限，观察时限应包括观察员工作业过程的时间以及观察者与员工就观察发现进行沟通讨论的时间。制定安全观察与沟通计划时，可考虑不同岗位、不同区域的交叉安全观察与沟通，非本区域内人员进行安全观察与沟通时，应有本区域员工陪同。各级管理人员负责所属区域或部门的安全观察与沟通计划；分析安全观察与沟通报告结果；制定、执行跟踪安全观察与沟通报告整改计划，并提供必要的资源。HSE部门负责汇总、统计、分析安全观察与沟通报告的信息和数据，向企业负责人、HSE委员会和基层单位通报安全观察与沟通统计结果。安全观察与沟通统计、分析结果应成为企业HSE委员会工作报告内容之一。

■ 安全经验分享

　　安全经验分享是将本人亲身经历或看到、听到的有关安全、环境、健康方面的经验做法或事故、事件、不安全行为、不安全状态等教训总结出来,通过介绍和讲解在一定范围内使事故教训得到分享,引以为戒,典型经验得到推广的一项活动。

安全经验分享的意义

　　通过长期坚持开展安全经验分享,能启发员工互相学习,激发全员积极参与HSE管理,创造一种以HSE为核心的"学习的文化";同时,能强化员工正确的HSE做法,使其自觉纠正不安全习惯和行为,树立良好的HSE行为准则,促进全员HSE意识的不断提高,形成良好的安全文化氛围。

安全经验分享的时间

安全经验分享可在各种会议、培训班等集体活动开始之前进行,时间不宜过长,一般不超过5分钟。

安全经验分享的内容

健康、安全和环境等方面的知识;工作中的HSE经验和生活中的HSE常识。内容应提前准备好,教训要讲清、做法要讲明,对用于安全经验分享的图片或影像资料,可配以必要的文字说明,以确保理解正确。

安全经验分享的形式

可以直接口述,也可借助多媒体、图片、照片等形式进行讲述。

安全经验分享的格式

常用格式分为三部分:事件或事故的经过、原因分析、预防或控制措施。

安全经验分享的人员

由主持人提前指定进行安全经验分享的人员,与会或参训人员也可主动申请。分享人可以是主持人、主持人指定的人员、其他人员等。

工艺危害分析

工艺危害分析（PHA）是工艺管理的核心要素，指通过一系列有组织的、系统性的和彻底的分析活动来发现、估计或评价一个工艺过程的潜在危害。

工艺危害分析（PHA）可以为企业的管理者和决策者提供有价值的信息用以提高工艺装置的安全水平和减少可能出现的危害性后果造成的损失。

工艺危害分析（PHA）常用方法

（1）定性方法：What-If、检查表、What-If/检查表、危险与可操作性分析（HAZOP）。

（2）半定量方法：保护层分析（LOPA）、故障模式及后果分析（FMEA）。

（3）定量方法：定量危害分析（QRA），故障树。

必须根据工艺本身的复杂程度、规模、危险程度、折旧程度等多种因素，选择一种合适的方法进行PHA活动，并且PHA活动应该每隔至多5年就重新进行一次。

合格的工艺危害分析（PHA）的要求

（1）发现工艺危害；

（2）识别出已经发生过的有可能导致灾难性后果的事件；

（3）找到可用的工程上或管理上的危害控制手段；

（4）分析出控制手段失效的后果；

（5）分析人员因素；

（6）定性的关于危害的评价。

PHA应该由一个包括多方面人员的队伍完成，包括工程、管理、操作、设计等人员。在PHA过程中产生的文档，特别是产生的建议，应该有完善的管理和后续跟踪手段。

上锁挂牌

上锁挂牌是指通过安装上锁装置及悬挂警示标牌,来防止危险能源和物料意外释放可能造成的人员伤害或财产损失。

上锁挂牌的作用

防止已经隔离的危险能量和物料被意外释放;对系统或设备的隔离装置进行锁定,保证作业人员免于安全和健康方面的危险;强化能量和物料隔离管理。

上锁挂牌的职责

各级领导有责任执行本单位上锁挂牌管理程序,保证上锁挂牌的有效实施;每一位员工及承包商人员应对自己的安全负责;每一位员工及承包商人员应亲自执行上锁挂牌程序。

上锁挂牌的步骤

(1) 辨识——上锁挂牌前,辨识所有危险能量和物料的来源;

(2) 隔离——对辨识出的危险能量明确隔离点和类型;

(3) 上锁——根据隔离清单选择合适的锁具和标签;

(4) 确认——清除现场所有危险物品、危险能源已被隔离。

上锁方式及解锁方式

安全锁分为个人锁、集体锁两类。上锁方式分为单个隔离点上锁、多个隔离点上锁两种方式。解锁方式分为正常解锁和非正常拆锁。正常解锁指工作完成后，由上锁者本人进行的解锁。非正常拆锁指上锁者本人不在场或没有解锁钥匙时，且其危险禁止操作标签或安全锁需要移去时的解锁。

上锁挂牌十大要点

（1）在启动上锁挂牌前，辨识所有危险能源。

（2）作业之前，确定工作中适当的隔离已到位，相关的隔离已有保障。

（3）在能用锁的地方，不单独挂牌；在不能用锁的地方，制定专门挂牌程序，采取相当上锁的措施。

（4）进入上锁区域的人员都将考虑可能会暴露于危险中。

（5）沟通上锁挂牌的状态。

（6）在能源去除和隔离之前，都应考虑是有危害的。

（7）必须实施有效的试验步骤。

（8）对于所有的电气危险，必须实施断电试验。

（9）任何时候隔离"动力源"，比省时间、省钱、避免麻烦、方便或提高产量更重要。

（10）"上锁"及"危险禁止操作牌"是神圣不可侵犯的措施。

■ 安全目视化管理

安全目视化管理是通过安全色、标签、标牌等方式，明确人员的资质和身份、工器具和设备设施的使用状态，以及生产作业区域危险状态的一种现场安全管理办法。

安全目视化管理的基本要求

（1）各企事业单位职能部门应根据各自单位的需要，制定统一的安全目视化管理标识。

（2）各种标识的使用必须符合国家和行业有关标准的要求。

（3）各种标识的使用应充分满足现场的使用要求。

（4）应用于设备设施上的标识不得含有腐蚀性物质。

（5）各种安全标识必须保持整洁、清晰、完整。

安全目视化管理的主要内容

（1）人员目视化管理——通过不同的着装、证件、特种作业标识等，对不同类别的人员、不同的作业进行区别、辨识。

（2）工器具目视化管理——用相应的标签标明各种工器具的使用状态，包括是否完好好用、是否超期未检等。

（3）设备设施目视化管理——对设备设施进行规范标注、编号、着色，提供设备设施名称、内容物走向、控制对象等信息。

（4）生产作业区域目视化管理——使用各种安全标识对生产作业现场的各类危险进行标注、划分、隔离。

办公室行为准则

推广办公室人员安全行为准则的主要目的是促进办公人员带头自觉遵守HSE规范，养成良好的安全意识、安全习惯和安全行为，避免发生人身伤害事故。

辽河油田公司办公人员安全行为准则

办公室安全

(1) 拒绝无关人员进入办公室。

（2）禁止在工作期间饮酒和酒后上岗。

(3) 禁止在非吸烟区内吸烟。

(4) 禁止存放和使用易燃、易爆、有毒等危险物品。

(5) 禁止私拉乱接电源、违规使用电气设备。

（6）下班前，关闭电脑和饮水机等电器电源。

(7) 乘坐自动扶梯、步行上下楼梯扶扶手。

(8) 不准堵塞占用消防设施和通道。

(9) 熟知安全疏散通道，熟练使用应急器材。

交通安全

(1) 安全文明出行,严格遵守交通规则。

(2) 禁止酒后驾车、超速行驶、驾车时接打手机。

(3) 驾乘车时系好安全带,不妨碍安全驾驶。

生产现场安全

(1) 严格遵守现场HSE管理规定,服从属地管理者指挥。

（2）主动接受安全教育，正确穿戴个人劳动防护用品。

(3) 进入易燃易爆区域,关闭手机,交出火种。

D HSE 管理制度

■ 矩阵需求式培训

通过岗位需求，建立培训需求，将培训需求与相关岗位列入同一张表中，以明确说明各岗位需要接受的培训内容、掌握程度和培训频率等，这样的表成为培训需求矩阵，使培训更具有针对性，进而增强培训效果。

培训原则

◆员工必须接受与岗位相关的HSE培训。

◆员工应定期进行HSE再培训。

◆一切培训活动以满足岗位培训需求为核心。

◆培训方式以在岗培训、辅导为主，脱产培训、讲授为辅。

◆HSE培训内容以HSE管理规范、程序、操作规程为主。

◆培训下属是各级管理人员的职责之一。

◆主管领导对其下属岗位胜任能力负责。

培训需求的识别与维护

◆直线领导负责下属员工培训需求的识别与维护，与员工沟通，使其了解岗位要求的HSE能力及自己与岗位要求的差距。

◆企业分层次编制岗位HSE培训需求矩阵。培训需求矩阵包括岗位名称、培训内容、掌握程度、培训周期、培训方式等主要内容。

◆每年对培训需求进行评估，及时更新培训需求矩阵，并与下属员工沟通。

◆当组织结构、经营规模、经营性质和岗位职责发生变化时，应及时评估岗位HSE培训需求，更新培训需求矩阵。

培训计划的编制

◆各级直线领导负责组织制定其下属员工的个人培训计划。

◆依据培训需求矩阵及直线领导对下属的期望，结合员工现有能力，制定员工个人培训计划。

◆在制定员工个人培训计划时直线领导应与下属进行沟通，取得共识。还应与相关职能部门进行沟通，取得专业支持。

◆企业培训管理部门对培训计划进行汇总，考虑培训资源的可利用性及企业HSE年度目标，编制企业年度培训计划，并分发相关部门。

◆培训计划应优先考虑在岗培训，最大限度地利用和发挥直线领导、基层管理人员和专业人员及资深员工在HSE培训中的作用。

◆培训计划还应包含HSE再培训。

培训的实施

◆培训实施者为企业最高管理者、直线领导、HSE专职人员、管理人员、专业技术人员、资深的员工、专职教师、聘请的外部资深专家。

◆培训方式为课堂培训、课堂培训+针对性考试、各种HSE会议、部门主管主持学习讨论、在岗实际练习+师傅带领、网络学习。

◆员工的HSE培训计划应严格执行，如果不能按原计划执行时，直线领导应与培训管理部门进行沟通协调，及时调整培训计划。

◆直线领导应保证培训时间，并提供培训后上岗的辅导。

◆企业培训管理部门应在培训资金、培训地点、培训设施、培训教材、培训师（需要时）等方面提供支持。

D　HSE管理制度

心会跟爱一起走

◆培训考核采取面试或口头提问、笔试、技能演示、实际操作考核、网上答题等形式进行。

◆培训实施者应全过程跟踪培训的实施，及时获取培训效果的反馈，根据反馈的结果，提出适当的改进措施，如调整培训师、培训内容或培训方式。

◆培训实施过程中，培训实施者应将学员的参与程度、考试成绩及时反馈给学员，鼓励学员积极完成培训课程。

培训效果评估

◆直线领导负责对员工培训效果的评估、跟踪与反馈。直线领导在学员参加培训后3个月内,通过观察日常工作和沟通评估培训效果。

◆岗位评估内容包括学员的HSE意识和能力是否提高及提高的程度;HSE管理规范、程序和操作规程是否得到有效执行;培训课程的设置(包括培训方法、培训内容、培训师等)是否满足学员的实际需要。

作业许可管理

作业许可管理是对在生产或施工作业区域内工作程序或操作规程未涵盖到的非常规作业，事前开展作业危害辨识，提出作业申请，验证作业安全措施，并最终获得作业批准的一个过程。

作业许可管理职责

需进行作业许可的作业项目由直线管理人审批。

作业许可管理范围

非计划性维修工作；承包商作业；偏离安全标准、规划、程序要求的工作；交叉作业；在承包商区域进行的工作；缺乏安全程序的工作；屏蔽报警、中断连锁和安全应急设备。

作业许可管理流程

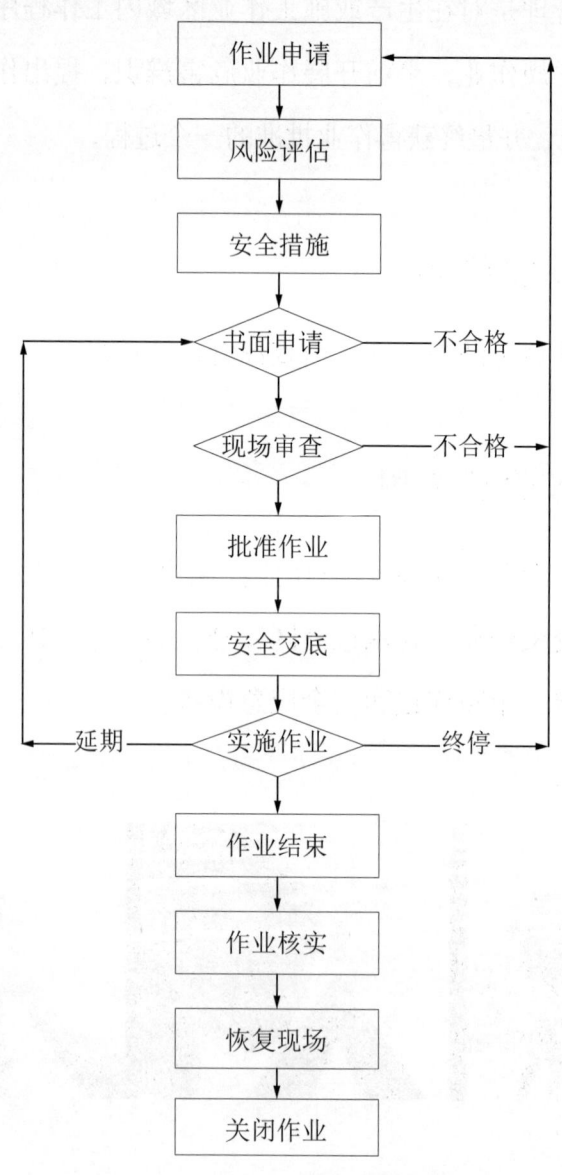

作业许可票证管理

作业许可证一式四联，要有编号，批准人填编号。第一联，悬挂在作业现场；第二联，张贴在控制室或公开处以示沟通；第三联，送交相关方，以示沟通；第四联，保留在批准人处。

作业许可管理要点

（1）作业涉及不同的部门，作业许可的审批是直线领导的责任，安全人员提供咨询指导。

（2）所有办理作业许可的作业都要做工作前安全分析。

（3）所有作业许可审批要现场一一核查。

（4）作业许可不是开工证，期限应根据作业的风险来确定。

（5）作业完毕后，要执行关闭程序，恢复现场，确认清除隐患。

如果工作中包含下列作业，执行对应的作业安全管理规定：进入受限空间；挖掘作业；高处作业；流动式起重机吊装作业；管线打开；临时用电；动火作业。

动火作业管理

动火作业指能直接或间接产生明火的临时作业，包括焊接、气割、切削、燃烧、明火、研磨、打磨、钻孔、破碎、锤击、使用非防爆的电气设备、使用内燃发动机设备、其他。

动火原则

◆ 凡是可不动火的一律不准动火。

◆ 凡是能拆下来的一定要拆下来移到安全地点动火。

◆ 确实无法拆移且必须在正常生产的装置和罐区内动火，需做到：按要求办理动火作业许可证；创建临时的动火安全区域；转移可燃物和易燃物；隔离措施；做好作业时间计划，避开危险时段。

◆ 一般情况下节假日及夜间作业，非生产必需，一律禁止动火。

◆ 遇有6级以上大风（含6级）不应进行地面动火作业。

工作职责

动火区域所在单位——向作业单位明确动火施工现场的危险状况，协助作业单位开展危害识别、制定安全措施，并向作业单位提供现场作业安全条件。审查作业单位动火作业安全工作方案，监督现场动火安全，发现违章作业有权撤销动火作业许可证。

动火作业单位——负责编制动火作业安全工作方案，制定和批准安全措施和应急预案，负责作业前安全培训，严格按照动火作业许可证和动火作业安全工作方案施工，随时检查作业现场安全状况，发现违章或不具备安全作业条件时，有责任终止动火作业。

动火作业申请人——动火作业申请人也是动火作业现场负责人，负责提出动火作业申请，办理作业许可证，落实动火作业安全措施，组织实施动火作业，并对作业安全措施的有效性和可靠性负责。

动火作业批准人或授权人——负责审批动火作业许可证，向作业方沟通工作区域危害和基本安全要求，核查安全措施落实情况。批准人委托授权人书面授权后仍承担动火安全的最终责任。

动火监护人——全面了解动火区域和部位状况，掌握急救方法，熟悉应急预案，熟练使用消防器材及其他救护器具，确认各项安全措施落实到位后方可动火，对所有现场施工人员的违章行为，有权批评教育或制止。动火监护人应经过安全培训，对动火安全负直接监护责任。

动火作业人——对安全动火负直接责任，执行动火安全工作方案和动火许可证的要求，动火作业前，核实动火部位、动火时间，确认各项安全措施已落实，方能动火。在动火过程中，发现不能保证动火安全时有责任停止动火。

新三年

旧三年

缝缝补补又三年

临时用电管理

临时用电管理适用于施工、生产、检维修等作业过程中，临时性使用380伏或380伏以下的低压电力系统的作业，除按标准成套配置的，有插头、连线、插座的专用接线排和接线盘以外的，所有其他用于临时性用电的电信、气线路，包括电缆、电线、电气开关、设备等。

临时用电的危险

临时用电作业时，如果没有有效的个人防护装备和防护措施、设备，容易发生触电、电弧烧伤等，造成人员伤亡，同时还有可能造成火灾爆炸。

临时用电管理要求

(1) 安装、拆除或维修临时用电线路。

(2) 施工组织设计。

(3) 架空和地面走线。

(4) 临时用电线路安全要求。

(5) 用电设备安全使用要求。

作业申请人（作业现场负责人）工作职责

提出作业申请；办理作业许可证；熟悉作业内容和作业风险；协调落实作业安全措施；组织现场安全交底和安全培训；组织实施作业；对作业安全措施的有效性和可靠性负责。

作业批准人工作职责

清楚作业过程中可能存在的危害；评估作业过程中可能发生的条件变化；清楚安全控制措施；确认安全措施落实情况；批准和取消作业。

作业人员工作职责

持有经审批有效的作业许可证进行临时用电作业；了解作业的内容、地点、时间、要求，熟知作业过程中的危害及控制措施，并严格按照许可证规定的内容进行作业；在安全措施未落实时，有权拒绝作业；作业过程中如发现情况异常或紧急情况，应告知作业负责人，并迅速撤离现场。

电气专业人员工作职责

熟悉作业区域的环境、工艺情况,可以处理异常情况;核实安全措施落实情况,进行监督检查,发现安全措施不完善,可暂停作业;制止作业人员的违章行为;发生紧急情况,启动应急救援预案。

工作前安全分析（JSA）

工作前安全分析（Job Safety Analysis，简称JSA）是一个事先或定期对某项工作任务进行风险评估的工具，是有组织地对存在的危害进行识别、评估和制定实施控制措施的过程，是将风险最大限度地消除或控制的一种方法。

工作前安全分析（JSA）的应用领域

评估现有的作业、新的作业、改变现有的作业、非常规性的作业、承包商作业、培训或再培训的工具。

工作前安全分析（JSA）的实施程序

第一步，把工作分解成具体工作任务或步骤；

第二步，观察工作的流程，识别每一步骤相关的危害；

第三步，评估风险；

第四步，确定预防风险的控制措施。

工作前安全分析（JSA）的管理流程

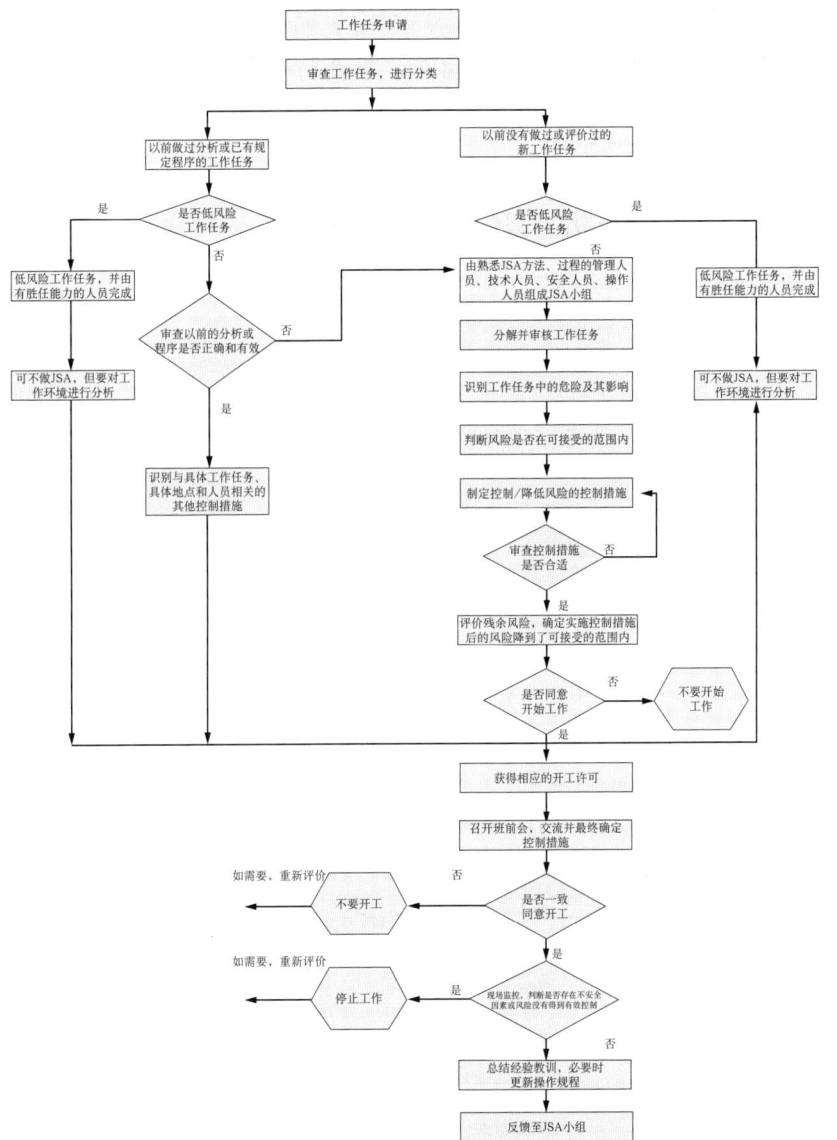

■ 工作循环分析（JCA）

工作循环分析（JCA）是以操作主管和员工合作的方式对已经制定的操作程序和员工实际操作行为进行分析和评价的一种方法。

工作循环分析（JCA）流程

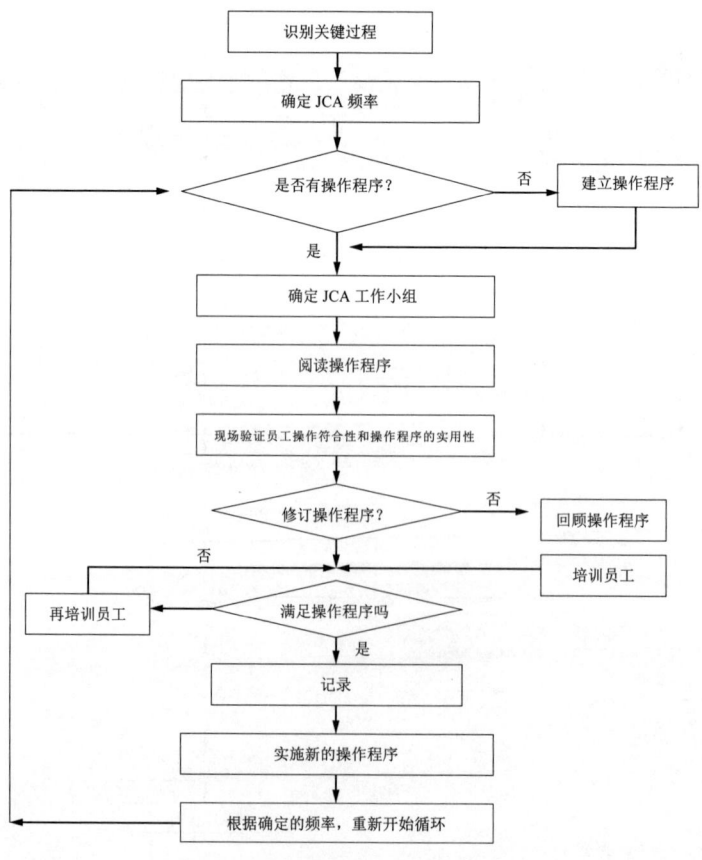

工作循环分析（JCA）基本要求

（1）应先识别关键作业和操作活动，所有与关键作业和操作活动有关的规程每年至少分析一次，其他的规程可视情况而定，每个员工每年至少参加一次工作循环分析。

（2）实施工作循环分析之前，应对现场操作安全要求和区域的风险控制措施进行验证，准备所需的个人防护装备。

（3）有效实施工作循环分析的关键点包括对实施工作循环分析的承诺、执行工作循环分析前的培训、定期审核工作循环分析和持续改进。

启动前安全检查（PSSR）

在工艺设备启动前对所有相关因素进行检查确认，并将所有必改项整改完成，批准启动的过程，称为启动前安全检查，简称PSSR。

为确保启动前安全检查的质量，应根据项目的进度安排，提前组建PSSR小组。根据项目管理的级别，指定PSSR小组组长。组长选定并明确每个组员的分工。PSSR小组成员可由工艺技术、设备、检维修、电气仪表、主要操作和安全环保专业人员组成。必要时，可包括承包商、具有特定知识和经验的外部专家等。

PSSR小组按照检查清单实施文件审查和现场检查，并确认所有必改项在启动前得到解决且验收合格。

工艺和设备变更管理

工艺和设备变更是指涉及工艺技术、设备设施、工艺参数等超出现有设计范围的改变（如压力等级改变、压力报警值改变等）。

工艺和设备变更范围

◆生产能力的改变；

◆物料的改变（包括成分比例的变化）；

◆化学药剂和催化剂的改变；

◆设备、设施负荷的改变；

◆工艺设备设计依据的改变；

◆设备和工具的改变或改进；

◆工艺参数的改变（如温度、流量、压力等）；

◆安全报警设定值的改变；

◆仪表控制系统及逻辑的改变；

◆软件系统的改变；

◆安全装置及安全联锁的改变；

◆非标准的（或临时性的）维修；

◆操作规程的改变；

◆试验及测试操作；

◆设备、原材料供货商的改变；

◆运输路线的改变；

◆装置布局改变；

◆产品质量改变；

◆设计和安装过程改变；

◆其他。

变更申请、审批

变更应实施分类管理，基本类型包括工艺设备变更、微小变更和同类替换。变更申请人应初步判断变更类型、影响因素、范围等情况，按分类做好实施变更前的各项准备工作，提出变更申请。应根据变更影响范围的大小以及所需调配资源的多少，决定变更审批权限。在满足所有相关工艺安全管理要求的情况下批准人或授权批准人方能批准。

变更实施

变更应严格按照变更审批确定的内容和范围实施，并对变更过程实施跟踪。应确保变更涉及的所有工艺安全相关资料以及操作规程都得到适当的审查、修改或更新，按照工艺安全信息管理相关要求执行。完成变更的工艺、设备在运行前，应对变更影响或涉及的人员进行培训或沟通。必要时，针对变更制订培训计划，培训内容包括变更目的、作用、程序、变更内容，变更中可能的风险和影响，以及同类事故案例。变更所在区域或单位应建立变更工作文件、记录，以便做好变更过程的信息沟通。典型的工作文件、记录包括变更管理程序、变更申请审批表、风险评估记录、变更登记表以及工艺设备变更结项报告等。

变更结束

变更实施完成后，对变更是否符合规定内容，以及是否达到预期目的进行验证，提交工艺设备变更结项报告，并完成以下工作：所有与变更相关的工艺技术信息都已更新；规定了期限的变更，期满后应恢复变更前状况；试验结果已记录在案；确认变更结果；变更实施过程的相关文件归档。

■ 控制承包商风险

承包商是指提供各种服务的组织,包括施工、技术服务、产品供应等单位。油田公司内部及外部的服务组织都是承包商。

企业应将承包商HSE管理纳入内部HSE管理体系,实行统一管理,并将承包商事故纳入企业事故统计中,有效控制承包商风险。承包商应按照企业HSE管理体系的统一要求,在HSE制度标准执行、员工HSE培训和个人防护装备配备等方面加强内部管理,符合企业要求,持续改进HSE表现。